$V_{700.}$
c.

L'ART

DE BATTRE, ÉCRASER,
PILER, MOUDRE
ET MONDER
LES GRAINS
AVEC DE NOUVELLES MACHINES;

Ouvrage traduit en grande partie du Danois & de l'Italien,

Par les soins de M. D. N. E. ancien Officier de Cavalerie.

AVEC FIGURES EN TAILLE-DOUCE.

A PARIS,

Chez J. G. MERIGOT, le Jeune, Libraire, Quai des Augustins.

M. DCC. LXIX.

AVEC APPROBATION, ET PRIVILEGE DU ROI.

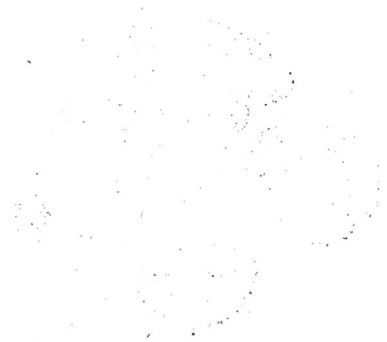

TABLE.

Fin de la Table.

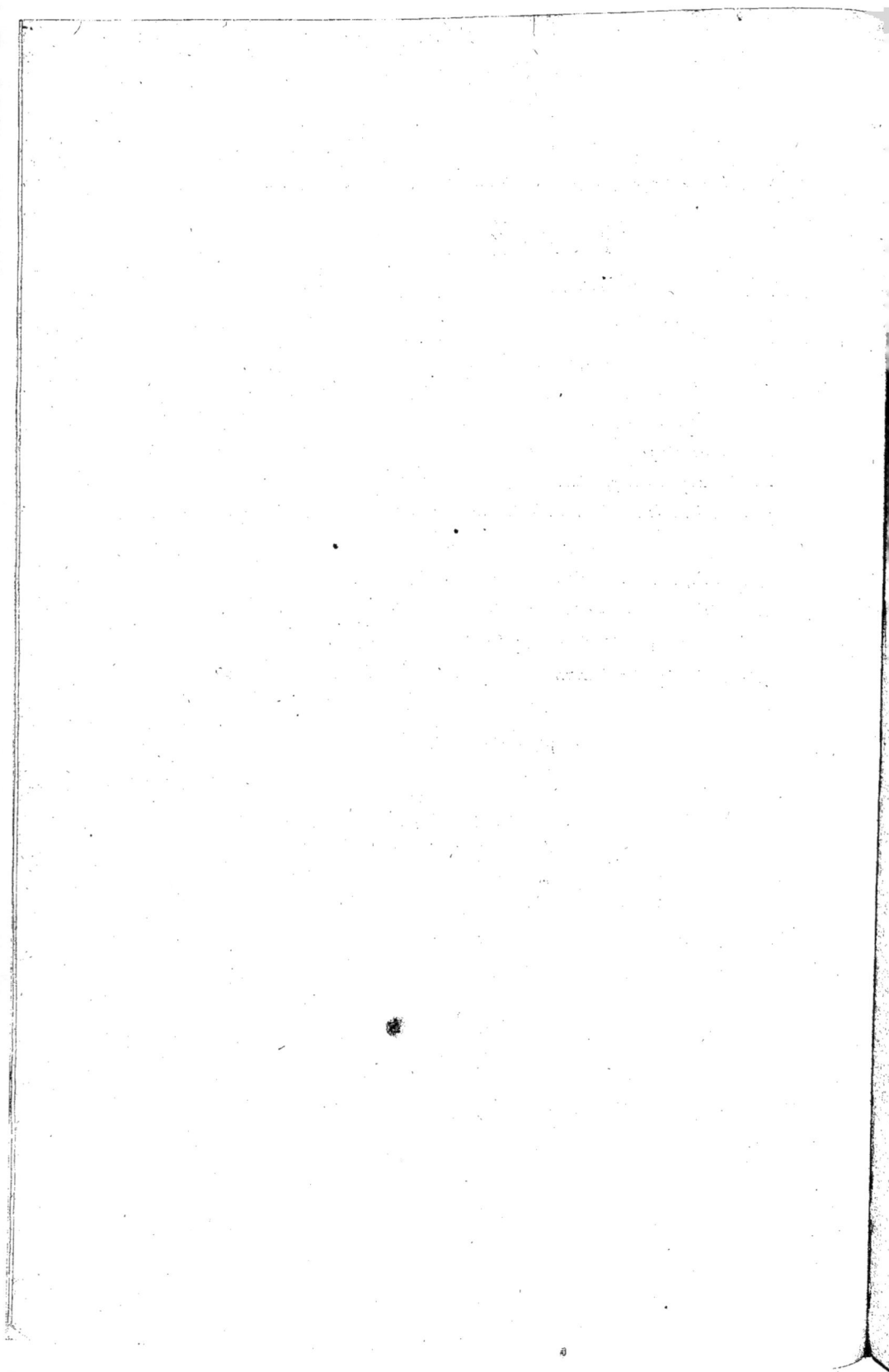

AVANT-PROPOS
DE L'ÉDITEUR.

SI les Mathématiques tiennent le premier rang parmi les Sciences, la Méchanique doit y prendre une place diftinguée, puifque tous les Arts utiles lui doivent leur perfection.

On connoît trois efpeces de Machines qui appartiennent à la Méchanique.

1°. Celles dont il n'eft pas poffible de fe paffer, & parmi celles-ci on trouve les *Moulins*, les *Tours*, &c.

2°. Celles qui fans être d'une néceffité abfolue, ne font pas néanmoins fans avantages ; tels font les *Horloges*, les *Tourne-broches*, &c.

3°. Celles qui ne font d'aucune utilité, & qui fervent feulement la curiofité.

Parmi les hommes qui fe font appliqués à la découverte de quelques-unes de ces Machines, les uns ont applaudi à l'invention de celles qui étoient utiles ; d'autres au contraire, fe font arrêtés à celles qui n'intéreffoient que la curiofité.

On doit s'étonner qu'il y ait eu & qu'il fe trouve encore aujourd'hui, des hommes qui dédaignant ces objets importans, ayent mis de préférence leur imagination à la torture, pour ne parvenir à découvrir que des chofes futiles.

Il eft vrai qu'en cherchant à découvrir le *Mouvement perpétuel*, la *Lampe inextinguible*, ainfi que la *Quadrature du Cercle*, trois chofes (a) que l'on cherchera vraifemblablement jufqu'à la fin des fiécles, plufieurs perfonnes d'un rare mé-

---

(a) La quatrieme eft la *Pierre Philofophale*.

rite font parvenues à faire des découvertes effentielles. Une
étude fuivie dans la *Géométrie* & dans la *Méchanique*, a fecondé
les efforts de leur génie ; mais quels fruits n'euffent pas produit leurs connoiffances, s'ils les euffent uniquement con-
facrées à l'utilité publique ! Ceux dont l'intention eft diri-
gée vers le mieux, auroient marché fur leurs traces ; fuc-
ceffivement tous les Arts auroient paffé à grands pas vers
la perfection..... Que de chofes ne refte-t-il pas à connoître !
Que de découvertes ne refte-t-il pas encore à faire !

Plus attentif que ces hommes qui ne font occupés que de
leur gloire particuliere, & qui ne fe meuvent que par l'inté-
rêt perfonnel, j'ai cru devoir faire part à mes Concitoyens,
des découvertes que l'on vient de faire dans des Arts effen-
tiels, *les Arts du Batteur, du Mouleur & du Mondeur de Grains* ; &
je crois que les Machines que je vais leur préfenter, ne pour-
ront que les fatisfaire.

PRÉFACE.

UN Méchanicien qui compofe une Machine, doit toujours avoir fous les yeux, les principes qui fuivent.

1º. *L'emploi de fa Machine.*

2º. *Le degré de force, néceffaire pour la faire mouvoir.*

3º. *La direction du mouvement, que cette force doit donner.*

Il doit s'occuper enfuite, des effets de la Machine, & fçavoir :

1º. Si elle doit fervir à lever, preffer ou pouffer.

2º. Si elle doit être mue lentement ou rapidement.

3º. Enfin obferver ces deux Regles de la Méchanique, (la *force* & le *temps.*)

Si le premier principe doit attirer la principale attention du Méchacinien, le fecond n'en eft pas moins fufceptible. Tous deux enfemble, l'un & l'autre féparément, concourent à faire connoître, fi une Machine fimple produira l'effet qu'on en attend. Si elle ne le produifoit pas, il faudroit l'augmenter d'une autre Machine également fimple & la conftruire de façon qu'elle pût être mue par la premiere, qui lui communiqueroit à la fois de fes forces, & recevroit une augmentation aux fiennes. De-là il s'enfuivroit l'examen de l'effet de la Machine compofée relativement à fon augmentation.

Si ces deux Machines n'étoient pas encore fuffifantes, il feroit à propos d'en ajouter une troifieme, qui pût être mife en mouvement par la feconde qui recevroit le fien de la premiere, & dont la compofition feroit telle, qu'elle pût augmenter l'effet des deux autres.

On doit examiner aufli, fi la force par laquelle la Machine eft mue, eft fuffifante; finon il faut fonger aux moyens les plus propres à l'augmenter, en évitant les inconvénients.

L'on doit combiner fi la Machine doit être mue par des hommes, des beftiaux, du vent, du feu ou de l'eau, afin de lui donner la plus grande facilité poffible dans le mouvement.

On doit confidérer que les beftiaux ne peuvent que tirer & marcher; qu'un homme au contraire, peut donner telle direction qu'il veut, foit avec les mains, les pieds, foit en levant, portant, pouffant, tirant & tournant.

Le Machinifte ne doit pas perdre de vue encore l'emplacement deftiné à établir la Machine, & l'efpace de terrein qu'elle doit occuper dans fes mouvements.

Enfin, entre plufieurs Machines propres à produire les mêmes effets, on doit choifir celles qui prennent le moins de place, qui peuvent être mues le plus facilement, & dont la conftruction & le mouvement font le moins difpendieux.

L'on vient de dire que les deux principes généraux de la Méchanique font la *force* & le *tems* : En effet, quand une Machine eft deftinée à élever de pefants fardeaux, la force feule doit attirer l'attention du Méchanicien; il doit fonger

aux

aux moyens de l'augmenter , & favoir qu'une très-petite force naturelle peut mettre en mouvement un poids confidérable. Dans ce cas , c'eſt une chofe indifférente que la durée du *temps* qu'on emploiera à amener le fardeau en ſon lieu.

Il n'en eſt pas ainſi des Machines qui ont le *temps* pour principe. Parmi celles-ci, font les *Horloges* , dont la deſtination eſt de meſurer le *temps* même. Un mouvement parallele & égal , eſt celui qui leur convient. La *force* n'y entre pour rien ; puiſqu'il eſt conſtant qu'une petite Montre avec un foible reſſort , fert au même uſage qu'une Pendule qui reçoit ſon mouvement par la peſanteur d'un gros poids.

Les Moulins comportent l'un & l'autre ; la *force* , en ce qu'il eſt queſtion de réduire le Bled en pouſſiere ; le *temps* , en ce que cette réduction doit ſe faire le plus rapidement poſſible.

Il eſt de fait dans la Méchanique, qu'autant on gagne de *force* dans une Machine , autant on perd de *temps* : au contraire , autant on gagne de *temps* , autant on perd de *force* , puiſque la rapidité du mouvement répond à l'eſpace de temps qu'on emploie pour le procurer : de même un corps exige moins de temps pour être mu, lorſqu'il l'eſt par une force rapide. Par exemple , ſi de deux roues de même grandeur , devant faire ſix fois le tour de leur axe , la premiere acheve ce mouvement dans l'eſpace d'une ſeconde , & l'autre dans quatre ſeulement , il eſt conſtant que la premiere roue eſt mue avec quatre fois plus de vîteſſe que la ſeconde. Il ſuit de-là qu'à meſure que la force croît & augmente dans une Machine , le mouvement diminue en vîteſſe : de même

B

à mesure que le mouvement croît en vîtesse, la Machine perd en force. Si pour lever un poids quelconque, on se sert d'une Machine dont la force surpasse quarante fois celle qui lui est donnée, le fardeau est mu quarante fois plus vîte.

Lorsque dans une Machine composée ou qui a plusieurs roues d'une égale grandeur, on en fait mouvoir une fort vîte, les autres suivront l'effet de la même force ; au contraire, si ces roues se trouvent inégales, la plus petite aura beaucoup plus d'activité pour se mouvoir, lorsque la moindre force sera employée sur la grande roue. Par cette raison, si l'on veut construire un *Moulin-à-vent*, on doit faire attention à la volubilité des ailes & au mouvement rapide de la meule qui doit être mue. Il faut donc chercher un milieu qui affoiblisse cette rapidité & qui la mesure au mouvement des ailes : car si la meule se meut quatre-vingt fois plus vîte que les ailes, il faut qu'elle fasse quatre-vingt tours dans le même espace de temps que les ailes n'en font qu'un.

Or cette Machine ne peut être mue que par un vent violent, au lieu qu'un zéphir suffira pour faire tourner un Moulin dont le mouvement de la meule n'a que le double de la vîtesse du mouvement des ailes. Néanmoins la révolution de la meule dans cette circonstance, ne sera pas assez prompte, parce que la réduction du Bled en farine, dépend autant & même plus, de la quotité de tours de meule, que de son poids.

Quant aux Machines propres à battre le *Froment*, le *Seigle*, l'*Orge*, l'*Avoine*, &c. celles à moudre ces mêmes grains, piler le *Riz* & écraſer le *Colſa* , le *Lin* , le *Pavot* , l'*Oeillette* ou la *Navette*, la *Noix* , &c. dont il eſt en partie queſtion dans cet Ouvrage , on doit avoir égard dans leur conſtruc-tion , à la force autant qu'à la vîteſſe du mouvement ; car il ne ſuffit pas qu'elles égrenent le Bled , &c. il faut encore que cette opération ſe faſſe en peu de temps , & c'eſt en quoi conſiſte principalement leur utilité.

Ce ſont ces principes que MM. *Fœſler* , *Schumacker* , *Han-ſen* , *Fraganeſchi* , & autres que l'on nomme dans cet Ou-vrage , ont eu pour guides , lorſqu'ils ont compoſé les dif-férentes Machines dont on y traite. On y fait connoître : 1°. La conſtruction. 2°. L'arrangement & la compoſition des parties des Machines. 3°. Comment elles doivent être mues. 4°. La force néceſſaire pour les mouvoir.

L'ART
DE BATTRE, ÉCRASER, PILER,
MOUDRE ET MONDER
LES GRAINS
AVEC DE NOUVELLES MACHINES.

§. I.

Des Machines à battre les Grains.

LES Machines dont l'effet évite le travail de plufieurs hommes, qui ont pour but de battre les Grains qui lui fervent d'aliment, & dont par conféquent la découverte eft la plus importante, doivent occuper les premieres places dans ce Recueil.

I.

MACHINE DE M. FŒSTER.

La Machine de M. *Fœfter*, de l'Académie de Danemarck, fait le travail de fept à huit hommes qui fe fervent communément de l'inftrument appellé *fléau*, pour battre les Grains.

» Les *Fléaux* ordinaires, dit M. *Fœfter*, peuvent très-bien, il eft
» vrai, égrener le Bled; mais il faut à cet effet y employer beau-
» coup de bras; une pratique qui les épargne, ne peut donc qu'être

C

» fort agréable à l'Artifan qui fait profeffion de battre les Grains,
» l'expérience pourra l'en convaincre : Et comme cet Artifan man-
» que le plus fouvent de l'intelligence néceffaire pour conftruire
» une *Machine* qui puiffe l'aider dans fes opérations, je donne l'ex-
» plication de celle que j'ai inventée pour fon fervice, aux per-
» fonnes en état de le conduire dans la conftruction.

DE LA CONSTRUCTION D'UNE BATTE A GRAINS.

I.

De l'arrangement & de la compofition des parties de la Machine.

Les premieres explications que je dois donner pour faciliter la conftruction de la Machine, roulent fur les *propriétés des divifions quant à fa forme & à fa grandeur ;* & les fecondes, fur la *jonction de fes parties.*

I I.

De la forme & de la grandeur, ou de la longueur, largeur & hauteur de la Machine.

Les parties A & D de la figure (*a*), repréfentent les deux plus grandes roues.

C & B, les deux lanternes.

E, H, F, & G K I, trois parallélipipedes de même grandeur & de même forme.

H, I & I, K, deux autres parallélipipedes auffi de même grandeur & de même forme l'un & l'autre.

R, S, un autre parallélipipede.

L, M, N, O, P & Q, fix arcs-boutants de même forme & de même grandeur, ayant des fupports pour leur bafe.

T, U, V & X, quatre autres arcs-boutants de même forme & de même grandeur, ayant pareillement des fupports pour bafe.

g h repréfentent un arbre placé horizontalement, formant un parallélipipede ou un arc-boutant quarré par les deux bouts, *g, v, h, k.*

_____

(*a*) Voyez ci-après, Planche premiere.

A chaque bout de cet arbre, *k* & *v*, font fix renforts découpés en forme de *bâtons cylindriques*, repréfentant des manches de fléaux.

On voit enfuite *k x, l z, m a a, n b b, o c c, p d d, q e e, r f f, s g g, th h, u k k* & *v m m*, qui font douze bâtons cylindriques de même forme & de même grandeur.

1, 2, 3, 4, 5, 6, 7, 8, 9, 10, 11 & 12, font douze maffes de fléaux de même grandeur & de même forme ; on les prendroit pour des *rouleaux*.

a b c d & *e f*, font trois bâtons cylindriques de différentes grandeurs, ce qui forme une manivelle.

Quant à la longueur, largeur & hauteur de toutes ces parties, on donne une Échelle de la longueur de huit pieds de Roi de France, divifée par pieds & pouces. Au moyen de cette Échelle, l'on peut éxécuter une Batte à Grains en grand.

La roue étoilée ou verticale *A*, a deux pieds de diamétre, & fon épaiffeur eft de trois pouces.

L'autre roue étoilée ou verticale *D*, a deux pieds huit pouces de diamétre, & fon épaiffeur eft de trois pouces.

La lanterne *B*, a douze pouces de diamétre & autant d'épaiffeur.

La lanterne *C*, a feize pouces de diamétre & d'épaiffeur.

Chacun des trois parallélipipedes *E, H, F I, G K*, a fix pouces de largeur, quatre d'épaiffeur, & environ huit pieds de hauteur.

La bafe des parallélipipedes *H I, I K*, a de même fix pouces de largeur, quatre d'épaiffeur, & trois pieds & demi de longueur.

Chacun des fix arcs-boutants *L, M, N, O, P* & *Q*, a environ deux pieds deux pouces de longueur, & leur épaiffeur eft la même que celle des trois parallélipipedes ci-deffus.

Le parallélipipede *R S*, eft égal en largeur, épaiffeur, bafe & hauteur que celles des trois autres ci-deffus.

Les arcs-boutants *T, U, V, X*, font de la même grandeur, longueur & largeur que ceux des parallélipipedes dont on vient de parler.

L'arbre *g h* doit être d'environ neuf pieds. Chacune de fes extrémités *g v* & *h k*, a deux pieds ou environ. La piece du milieu *k v*, qui contient les Cylindres *k q, l r, m s, n t, o u, p v*, a cinq pieds ou environ. L'épaisseur de l'arbre du côté *g h*, est de cinq pouces; & le milieu où passent les pieces cylindriques qu'on vient de nommer, a onze pouces environ d'épaisseur.

Chacun des 12 bâtons cylindriques *k x, l z, m a a, n b b, o c c, p d d,* & ceux *q e e, r f f, s g g, t h h, u k k, v m m,* a quatre pieds & demi de long, & deux pouces d'épaisseur.

Chacun des douze Fléaux 1, 2, 3, 4, 5, 6, 7, 8, 9, 10, 11, & 12, a trois pieds & demi de long, & trois pouces environ de grosseur.

La longueur de chaque fuseau qui est dans les deux lanternes *B* & *C*, est de quatorze pouces.

Chaque essieu des roues & des lanternes peut avoir deux pouces & demi de grosseur, ainsi que les bâtons cylindriques *c d* & *e f.*

La piece qui sert d'essieu dans la roue verticale *A*, peut être longue de onze pouces en dehors le parallélipipede *G K.*

Le bâton cylindrique *c d*, peut avoir quinze pouces de long, & le bâton *e f*, un pied.

Telle est la construction proportionnée de la Machine de M. Fœster.

I I I.

De la jonction de toutes les parties de la Machine.

Les trois pieces de bois *E H, F I* & *G K,* & celles *H I* & *I K,* forment des parallélipipedes. Les pieds ou arcs-boutans *L, M, N, O, P* & *Q*, qui sont aux deux parallélipipedes *E H* & *G K*, supportent les trois premieres pieces ci-dessus.

De l'autre côté de la figure se trouve un nouveau parallélipipede *R S*, qui est soutenu également par quatre arcs-boutans *T, U, V, X,* lesquels sont paralleles à ceux ci-dessus, *L, M, N, O, P, Q.*

On pose communément cette Machine sur un terrein plan ou uni.

L'arbre *g h* fait un parfait rectangle avec les deux parallélipipedes *R S* & *E H.*

Sur cet arbre se trouvent placés douze Bâtons cylindriques *k, l, m, n, o, p, q, r, s, t, u, v,* lesquels forment encore des rectangles parfaits avec le même arbre, & sont autant de paralleles avec eux-mêmes.

Les

Les deux roues *A* & *D*, font perpendiculaires ; les lanternes *B* & *C*, font horizontales, & leurs effieux font placés horizontalement.

Le bâton cylindrique *c d*, a une manivelle *e f*; l'un de fes bouts *e*, eft joint à la piece *a b*, qui eft l'effieu de la roue étoilée *A*. Cet effieu traverfe le parallélipipede *G*, *K*, feulement ; le bâton *c d*, fait un triangle avec la manivelle *e f* & l'effieu *a b*.

Le Parallélipipede *R S*, ne doit être percé que pour recevoir un des bouts de l'arbre ; mais chacun des trois autres *E H*, *F I* & *G K*, doivent l'être deux fois pour recevoir les effieux de fa roue & de fa lanterne.

Les pieds fur lefquels la Machine eft affife, doivent être fichés dans les Parallélipipedes *E H*, *G K* & *R S*, de maniere que quand la Machine eft pofée fur un terrein plan, la diftance perpendiculaire qui doit être entre les bouts inférieurs de chacun de ces Parallélipipedes & le terrein plan, eft de treize pouces ou environ.

Le fufeau inférieur de la lanterne & de la roue, doit être placé à la hauteur de deux pouces & demi ou environ de la piece de traverfe qui foutient les trois parallélipipedes, & cette piece de traverfe doit être élevée au-deffus du terrein plan *p p* & *q q*, de quatorze pouces ou environ.

La roue verticale *D*, doit être placée fur l'effieu de la lanterne *B*; entre les deux pieces *E H* & *F I*, & l'effieu doit traverfer à cet effet, les trois pieces *G K*, *F I* & *E H*. Le trou à percer dans la piece *E H*, doit être auffi éloigné du point *H*, que les deux autres trous qui fervent pour le même effieu, le font dans les pieces *F I* & *G K* du point I & du point K.

Les deux trous des pieces *E H* & *F I*, que l'effieu de la lanterne *C* doit traverfer, doivent être dans les mêmes proportions ou environ que celles rapportées ci-deffus pour les deux pieces *F I* & *G K*, dont l'effieu fait tourner la lanterne *B*; les deux trous des pieces *E H* & *F I*, que doit traverfer l'effieu de la lanterne *C*, doivent être percés dans la même diftance de l'effieu de la roue verticale *D*, laquelle diftance eft dépendante de la grandeur du demi-diamétre de la roue verticale *D*. La lanterne *C* doit avoir le même effieu que l'arbre *g h*.

D

Au moyen de l'obſervation de ces diſtances, il ſe trouve que les fuſeaux des lanternes *B* & *C* ne gênent pas les dents qui entourent les roues verticales *A* & *D.*

Les douze fléaux 1, 2, 3, 4, 5, 6, 7, 8, 9, 10, 11 & 12, doivent être attachés avec du cuir aux bâtons cylindriques *k x*, *l z*, *m a a*, *n b b*, *o c c*, *p d d*, *q e e*, *r f f*, *s g g*, *t h h*, *u k k*, & *v m m*, de façon que ces bâtons puiſſent ſe mouvoir devant & derriere dans ce cuir & non pas de côté. On évite par-là que ces maſſes de fléaux s'entrechoquent quand la Machine eſt en mouvement ; mais comme il pourroit arriver que les fléaux venant à tomber ſur le terrein plan, avant les bâtons cylindriques fichés dans l'arbre *g h*, arrêtent le mouvement de la Machine & l'endommagent, il faut clouer des plaques courbes au bout des bâtons cylindriques & en dehors, & diſpoſer ces plaques de façon qu'elles ſoient d'environ deux pouces plus longues que le cuir qui joint les fléaux aux mêmes bâtons.

La Machine doit toujours être mue du même côté, parce que ces plaques courbes empêchent qu'elle ne ſoit miſe en mouvement de l'autre.

On ſe ſert de tenailles de fer pour comprimer fortement ces plaques courbes autour des bâtons cylindriques, & l'on y pratique une rainure de chaque côté. Ces plaques doïvent être jointes aux bouts des bâtons avec deux anneaux de fer.

Les deux rainures de fer doivent être jointes par leurs bouts à chacun de ces douze bâtons cylindriques, afin que chaque rainure tombe ſur le terrein plan en parallele avec les pieces R S & E H.

Les rainures doivent avoir quatre pouces de longueur : c'eſt-à-dire la même diſtance qui doit être entre les deux anneaux de fer. Chacun de ces tirants de fer courbes doit avoir une longueur de dix pouces, & le cuir avec lequel chaque fléau eſt attaché aux bâtons cylindriques doit être de trois pouces ou environ. La largeur des tirants doit être de la moitié de la circonférence de la plaque du bâton cylindrique.

Chacun de ces tirants doit former par le côté oblique, deux angles droits de la même longueur que la plaque courbe, mais la largeur doit être aſſujettie à celle des rainures.

Au milieu de chacun des vingt-quatre tirants, on doit placer un petit bouton auquel on puiſſe attacher les cuirs. Ces cuirs doivent avoir pluſieurs trous en ligne directe, afin de pouvoir lever ou baiſſer les fléaux à volonté.

Les tirants doivent être bien fermes dans les rainures ; par ce moyen ils ne peuvent tomber quand la Machine eſt en mouvement.

Les maſſes, comme on le voit dans la Figure, ſont des bâtons tournés, attachés par le bout avec du cuir corroyé à des bâtons, & les douze bâtons cylindriques qui les ſupportent, ſont joints pareillement par leurs bouts, avec des cuirs, aux bouts des douze maſſes.

L'arbre *g h* a ſix fléaux de chaque côté.

Je viens de détailler la forme & la grandeur de chacune des pieces de la Machine à battre le Bled de M. *Fœſter*, & j'ai fait voir comment ces pieces ſont adaptées les unes aux autres, je dois expliquer maintenant, comment & par quelle force elles doivent être mues.

I V.

Du mouvement de la Machine.

Un homme donne le mouvement à toute cette Machine avec le bras.

Il prend la manivelle *e f*, l'empoigne & la tourne. Cette manivelle qui eſt fixée ſur l'eſſieu de la roue A, la fait mouvoir. Les dents de cette roue entrent dans les fuſeaux de la lanterne B ; elles lui communiquent ſa force, & cette lanterne lui obéit : il en eſt de même de la roue D, placée ſur l'eſſieu de la lanterne B, ſes dents entrant dans les fuſeaux de la lanterne C, la forcent de tourner, & l'eſſieu de cette lanterne communique ſon mouvement de rotation à l'arbre *g h*, ſur le bout duquel il eſt appliqué. Ce mouvement fait donc lever & baiſſer les Fléaux, & ces Fléaux en tombant à plat ſur les gerbes qu'on place deſſous, font ſortir le Bled des coſſes des épis.

V.

De la force.

J'ai démontré ci-devant que le mouvement de la Machine dépend uniquement du tournant de la manivelle *c d e f*, & que la force d'un homme suffit pour lui donner tout le mouvement nécessaire pour opérer ; mais à son défaut, l'on peut employer celle des *bestiaux*, de l'*eau*, du *vent*, du *feu*, des *poids* ou des *ressorts*, en y appliquant des roues proportionnées.

Par le *vent*, si au lieu de la manivelle *c d e f*, on substitue sur l'essieu *a b*, des volées perpendiculaires de *Moulin-à-vent* ; ou bien encore si après avoir soustrait la roue verticale *A* de l'essieu *a b*, & supprimé la manivelle *c d e f*, on faisoit tourner la lanterne *B*, par le moyen d'une roue dentée placée horizontalement, dont l'essieu seroit posé perpendiculairement en dehors le parallelipipede G K, & qu'on mît horizontalement, des volées de Moulin au bout supérieur de la roue dentée *(a)*.

Par des *animaux*, si à la place de la manivelle *c d e f*, on posoit une roue perpendiculaire sur l'essieu *a b*, dont le diametre seroit d'environ huit pieds ; cette roue seroit entourée de bâtons quarrés tous paralleles avec l'essieu *a b*, & l'on y mettroit les animaux *(b)*.

Par l'*eau*, si l'on plaçoit sur l'essieu *a b*, au lieu de la manivelle *c d e f*, une roue posée perpendiculairement & de la même forme que celle qu'on voit aux Moulins à eau.

Mais la plûpart de ces moyens paroissent à l'Auteur trop dispendieux, pour en faire usage : » Quelques-uns même, dit-il, seroient » incapables de donner à la Machine, la vivacité qui lui est né- » cessaire dans le mouvement, & il y en a d'autres qui ne seroient » propres qu'à très-peu d'endroits.

(a) On pourroit même construire cette roue de façon qu'on y attelât un cheval comme aux Moulins que l'on fait mouvoir par des chevaux.

(b) On trouve ci-après, une Machine qui porte une semblable roue.

Si

Si la Batte à Grains de M. Fœfter a des avantages, celle de M. Hanfen n'en a pas moins, c'eft pourquoi je vais décrire fa conftruction.

I I.

MACHINE DE M. HANSEN (a).

La conftruction de la Machine de M. *Hanfen* (b) paroît auffi commode que celle dont nous venons de parler ; elle confifte dans un Cadre ou Chaffis qui contient fix bâtons en forme de *maffes de fléaux*. On pourroit en augmenter le nombre, fi on le jugeoit à propos, & au lieu de Cadre, placer dans les murs, l'arbre qui fait mouvoir les fléaux.

Le chevalet *A*, a un trou en tête ; c'eft-là qu'eft fixé le tourillon ou le pivot de l'arbre ; le chevalet oppofé qui fait partie du cadre, eft percé à la même hauteur du trou où fe trouve le pivot en queftion, & le bout de l'arbre y paffe pour recevoir l'effet de la force & être mu.

Aux deux côtés du cadre font attachées des cordes, lefquelles foutiennent, étant tendues, les différents bâtons ou fléaux *C, C, C, C, C, C.*

Ces cordes ont au moins quatre pieds de long, & elles contiennent les fléaux à deux endroits de leur partie fupérieure. Elles doivent avoir quinze fils d'épaiffeur, & ces fils doivent être bien tords. Il faut obferver de ne jamais graiffer ces cordes.

Ces cordes doivent être placées de maniere qu'elles forment toujours un angle aux deux côtés du chevalet *A*.

On place la gerbe de Grains fous ces fléaux, & lorfqu'ils ne frappent pas affez fort la paille, il faut tordre & bander davantage la corde qui les foutient, en tournant les chevilles auxquelles elle eft fixée. Ces chevilles font au nombre de dix ; elles font placées tout le long des deux grandes parties du chaffis, cinq fur celle du haut & autant fur celle du bas. On obferve de ne pas faire perdre au chevalet *A*, fa pofition angulaire avec la premiere corde *B* ; il faut au furplus qu'il foit placé un peu en pente.

---

[a] Voyez la Figure 2, Planche premiere.

(b) C'eft encore un Académicien de Danemarck.

Les chevilles $D, D, D, D, D, D, D, D, D, D, D, D$, doivent être percées, afin que les cordes $B, B, B, B, B, B, B, B, B, B, B, B$, les traverfent, & qu'on puiffe arrêter au haut des deux chevilles, le bout des cordes, au moyen d'un nœud.

La Machine peut être mue plus ou moins fortement, lorfqu'on le juge à propos ; & lorfqu'on veut que les fléaux frappent bien loin, il faut pour lors raccourcir le chevalet A, & le redreffer davantage. On l'éleve ordinairement beaucoup, afin qu'une botte de paille fi groffe qu'elle foit, puiffe être placée au-deffous. De cette façon, le chevalet A & la courbure des fléaux G, G, G, G, G, G, reftent égaux. On peut au furplus, raccourcir & allonger ces fléaux comme l'on veut.

La roue E doit avoir deux pieds de diamétre ou environ ; une fille, un garçon ou même un chien, peuvent la tourner (*a*).

L'arbre F, fur lequel repofe la roue, doit être hériffé de quatre leviers de bois, lefquels doivent être fort folides & quarrés ; ils doivent être placés fur l'arbre, chacun féparément, en ligne directe & fpirale ; de cette maniere, ils ne paffent pas tous à la fois fous le bout du fléau. Si l'on ne prenoit pas cette précaution, ces fléaux s'éléveroient & frapperoient fur la paille trop inégalement & avec trop de pefanteur.

Le bois de l'arbre doit être extrêmement droit, furtout le long des fléaux.

Pour douze fléaux, il faut un arbre de la longueur de trente-fix pieds ou environ.

Ces fléaux doivent être foutenus à une certaine diftance de leur extrémité fupérieure, par des chevalets entés fur la partie inférieure du chaffis.

Telle eft la defcription que M. Hanfen nous donne de fa Machine : on

_____

(*a*) Si l'on fe fert d'un animal, on l'enferme dedans. On trouve en Languedoc des chiens qui feroient propres à cette opération, de ces chiens que dans cette Province on place dans les *Tourne-broches*. Ces animaux ont des difpofitions très-convenables pour faire mouvoir cette Machine.

peut en juger au furplus par fa repréfentation fur la *Planche premiere*, *fig.* 2. de cet Ouvrage. On affure qu'on en fait ufage en Danemarck & que l'on s'y en trouve bien. L'expérience qu'on peut en faire ici, pourra décider également de fon avantage ou de fon défavantage.

I I I.

MACHINE (a) DE PERPESSON.

La Machine de *Perpeffon*, payfan Suédois, eft ufitée dans les Provinces de *Medelpadel* & d'*Angermanland* de ce Royaume ; on l'y trouve fort peu difpendieufe & des plus commodes (*b*).

Sa conftruction repréfente un chariot à plufieurs effieux & à plufieurs roues ; fa longueur *a a*, eft de 5 aunes fuédoifes (*c*). Les roues *f, f, f, f, f, f, f, f, f, f, f, f, f, f, f, f, f, f,* font au nombre de dix-huit ; dix de ces roues font pófées fur des effieux de fer *c, c, c, c, c, c, c, c, c, c,* ces effieux font enchâffés dans des traverfes de bois *b, b, b, b, b, b, b, b,* & chacune de ces traverfes de bois eft de l'épaiffeur de trois feiziemes d'aune.

Les autres quatre roues qui font à chacune des deux extrémités du chariot, pofent fur un effieu entierement de fer, & elles font jointes de fi près, qu'elles fe touchent prefque toutes par leurs moyeux.

La longueur des traverfes ou la largeur du chariot n'eft pas égale, comme on peut le voir dans la figure cinquieme de la Planche 2e de cet Ouvrage. La plus longue & qui eft placée au centre, eft d'une aune cinq-huitiemes ; la plus courte & qui eft aux extrémités, n'eft que de trois quarts d'aune.

(*a*) C'eft de cette *Machine* dont il fut fait mention dans la Gazette de France, n°. 26, pag. 114, du 9 Mars 1762. Le payfan qui en eft l'Auteur & qui fe nomme *Perpeffon*, eft d'un Village près de *Niurundal*, Province de *Medelpadel*. Elle eft repréfentée planche 2. fig. 5.

[*b*] L'Académie des Sciences de Suéde l'approuva en 1761. On en trouve le deffein page 221 des Mémoires de cette Académie.

[*c*] Une aune de Suéde eft exactement la moitié d'une aune de Paris.

Les traverses montées sur leurs roues, sont attachées l'une à l'autre par des bâtons ferrés par les bouts & accrochés dans des anneaux *e*, *e*, *e*, *e*, *e*, *e*, *e*, *e*, *e*, *e*, *e*, *e*, *e*, *e*, *e*, *e*, *e*, *e*, *e*; ces anneaux sont pratiqués dans les traverses *b*, *b*, *b*, *b*, *b*, *b*, *b*, de maniere que la Machine peut être tournée & retournée librement, & être changée à volonté de place.

Aux deux extrémités du chariot, il se trouve une barre de fer, *a e e*, & *a e e*, qui a un anneau *d*, pour pouvoir y attacher une volée & y atteler les chevaux.

Les roues dont le dessein est en profil sur la Planche 2, Figure 6, sont de fer fondu; elles ont un diamétre d'environ sept-huitiemes d'aune, & l'anneau de la circonférence a 2 pouces & demi en largeur sur un pouce d'épaisseur.

Pour se servir de cette Machine, on pratique une aire au milieu d'une Grange, aussi longue qu'il est possible, ou bien on la construit au-dehors de la Grange, le long du mur; mais en ce dernier cas, il faut avoir soin de couvrir l'aire d'un auvent. La largeur de l'aire doit être de quatre aunes ou tout au plus de cinq, & lorsqu'on veut battre, on y étend les gerbes après les avoir déliées.

Un cheval attelé au chariot, le fait marcher, & l'on conduit cette marche de maniere qu'en allant, l'animal touche à l'un des bords de l'aire, & qu'en revenant, il touche à l'autre bord.

Si la qualité du fer employé aux roues & aux essieux, est bonne, cette Machine peut durer plusieurs générations d'un Laboureur.

Son avantage est très-considérable. Un seul homme qui tient le cheval par la bride, qui le retourne aux extrémités de l'aire & qui chaque fois qu'il le retourne, remue un peu les gerbes & en change la situation avec une fourche de bois, peut faire en un jour, autant & plus d'ouvrage qu'il n'en feroit dans dix par la maniere ordinaire de battre.

Si l'on veut y employer deux ou trois personnes pour aider à descendre les gerbes de Bled, à les ranger dans l'aire, à les remuer & à les changer, à en ramasser le grain, à le vanner & à l'enlever, l'ou-

vrage

vrage n'en ira que plus vîte, furtout fi l'on attele à la Machine, deux chevaux au lieu d'un.

Il eft inutile d'avertir des précautions qu'il faut prendre pour empêcher les chevaux de faire des ordures dans l'aire.

De quelqu'avantage que foit la conftruction de cette Machine, en en faifant ufage dans l'état où elle eft, on apprend cependant que différentes perfonnes y ont fait des changemens. Auffi-tôt qu'ils feront venus à notre connoiffance, nous en rendrons compte au Public [a]. Il nous refte à parler de la Batte-à-Grains de M. Schumacker.

I V.

MACHINE DE M. SCHUMACKER.

La Batte-à-Grains de M. *Schumacker* de l'Académie de Danemarck, confifte dans une roue horizontale qu'un cheval fait tourner, dans un arbre, une lanterne, des dents enchâffées & rangées fpiralement tout le long de la piece de bois mobile ou de l'arbre, & des baguettes qui font l'effet des fléaux.

Une partie de cette Machine eft placée fur une aire, conftruite en forme de plancher, & l'autre fe trouve au-deffous.

Cette derniere partie confifte dans une planche *E*, qui a plufieurs féparations *f*, *f*, *f*, *f*, *f*, *f*, *f*, *f*, Fig. 4. Planche II.

Cette planche, au moyen des féparations *f*, *f*, *f*, *f*, *f*, *f*, *f*, *f*, foutient les huit baguettes ou gaules *i*, *i*, *i*, *i*, *i*, *i*, *i*, *i*, Fig. I. fur une même ligne & de façon que les dents *d*, *d*, *d*, *d*, *d*, *d*, *d*, *d*, appliquées le long de l'arbre *B*, les puiffent atteindre. Ces baguettes reffemblent affez à ces *bâtons* appellés *Queues*, dont fe fert pour jouer au *Billard*.

Les ouvertures qui forment autant de féparations dans cette planche, ne doivent pas être plus larges que les bouts des fléaux, & ils doivent y entrer aifément, afin qu'ils foient élevés facilement

---

[a] Plufieurs perfonnes étoient dans l'opinion que cette Machine écrafoit les Grains lorfqu'elle paffoit deffus; mais lorfqu'elles en ont eu vu l'expérience, elles font revenues de leur erreur.

F

par l'effort des dents de l'arbre défignées *d, d, d, d, d, d, d, d.*

L'arbre au bout duquel la lanterne eft attachée, eft fixé des deux côtés.

G, H, eft précifément l'aire fur laquelle on bat les gerbes pour en faire fortir les grains; & c'eft-là que les fléaux frappent.

Cette aire eft percée & mouvante, on lui fait faire l'effet du crible, lorfque l'on voit deffus, une quantité fuffifante de grains fortie des balles. L'arbre *K*, fig. 3, qui fe trouve deffous, & qui porte les dents *l, l, l,* aux deux bouts, opère cet effet; ces dents entrant dans celles *m, m*, fig. 2, appliquées fous l'aire *G, H*, l'homme qui veille à l'opération de la Machine & qui fait aller & venir cette aire à fon gré, avec la barre de fer qui eft placée dans l'arbre, fait facilement tomber les grains *(a)*.

Lorfque les pailles des gerbes rangées fur l'aire *H, H, H,* ont baiffé de volume, par l'effet du battement des fléaux, on peut placer à chacun d'eux, vers l'extrémité frappante : c'eft-à-dire près de la Planche *f, f, f, f, f, f, f, f,* un bâton percé & défigné Figure 1ère, Planche II. Ce bâton *Q*, roidit le bout du fléau ou de la baguette. Les fléaux font fixés par un bout dans un côté du chaffis de la Machine.

N, O, Figure 2, font deux pieces de bois de traverfe, placées des deux côtés de la Machine, dans lefquelles l'arbre *K* a fes bouts.

P, fig. 1e, eft un plancher au-deffus de l'aire, fur lequel peut aller & venir celui qui conduit l'opération de la Machine; au moyen de ce, il eft à portée de rapprocher de temps.en temps, les pailles du bout battant des fléaux, lorfqu'elles font trop difperfées; il fe fert à cet effet d'une fourche; c'eft encore de cet endroit qu'il regarde continuellement fi les fléaux frappent de toutes parts fur les épis des gerbes rangées au-deffous.

La roue *A, A, A*, fig. 1 & 2, eft mue par deux chevaux ou des hommes, à volonté.

Cette Machine paroît affez compliquée, & cette complication en

_____

(a) Le profil de cette barre eft Figures 2 & 3, Planche II.

éloignera fans doute beaucoup la conftruction , de l'idée d'un *Agriculteur.*

Après avoir décrit les quatre nouvelles Machines appellées *Battes-à-Grains* , qu'il nous foit permis de placer maintenant, la fuite de nos obfervations , fur tout ce qui peut y avoir rapport.

OBSERVATIONS DE L'ÉDITEUR,

Sur les Machines à battre les Grains.

Nous avions depuis long-temps , dans la Maifon Ruftique Fran-çoife *(a)* , une defcription fuccincte d'une *Machine à battre les Grains,* & dont on fait , dit-on , ufage en Angleterre. Cette Machine con-fifte , à ce qu'on affure , en différentes pieces de bois rendues mobi-les à l'aide de quelques refforts ; elle eft mife en mouvement par un *cheval* ou par le *vent*, & on affure qu'elle fait dans un jour , autant d'ouvrage que quarante hommes vigoureux.

Il paroît qu'elle a beaucoup de reffemblance à celle de M. *Schu-macker*, dont il vient d'être queftion page 21 ; ou pour mieux dire, celle de M. *Schumacker* y a un grand rapport.

En 1722 , M. *Duquet* mit au jour une Batte-à-Grains *(b)*, qui ne paroît pas avoir eu de fuccès. C'étoit un cheval qui devoit la faire mouvoir.

On a publié en 1737 , une Batte-à-Grains de l'invention de M. *Meiffren* ; elle faifoit en douze heures , l'ouvrage de fix bons Batteurs ; mais elle a été reconnue fufceptible de correction *(c)*.

M. de *Garfault* en a exécuté une en 1761 , laquelle n'a pas eu grand fuccès dans fes opérations.

M. *Pioger d'Andréfi* en a envoyé une à la Société d'Agriculture de Bretagne ; on ignore encore quel peut en être l'avantage.

M. de *Malaffagny* , de la Société d'Agriculture de Lyon, en a pré-fenté *(d)* une autre en 1762 à l'Académie des Sciences de Paris ;

(a) Voyez pag. 651. Tom. premier.

[b] Voyez pag. 27. n°. 226. tom 4 du Recueil des Machines de l'Académie des Sciences.

(c) Voy. les Mémoires de l'Académie , année 1737. pag. 108. Hift.

[d] Il en eft parlé dans les Mémoires de cette Compagnie , année 1762 , page 193 de l'Hiftoire.

mais cette Machine ayant été jugée fufceptible de correction au jugement de cette Compagnie, on ignore fi M. de *Malaffagny* y a ré-
formé les défauts qu'on y a rencontré.

M. de *Charéfieu*, de la Société d'Agriculture de Lyon, en a également inventé & exécuté une, & la Société à laquelle il l'a adreffée,
l'a pareillement trouvée fufceptible de correction & de fimplification :
c'eft fans doute à quoi il remédie maintenant.

On dit que cette Machine a la figure d'un Moulin ; que le mouvement lui eft communiqué par le *vent* ou par un *cheval*; que l'arbre
tournant, eft hériffé de petites pieces de bois en forme de dents,
qui levent différents pilons, & que ces pilons tombant horizontalement fur les gerbes, font fortir les grains des balles par leur chûte.

En 1763, M. *Loriot* publia une nouvelle *Machine à battre les
Grains*, qui nous paroît avoir beaucoup de rapport à celle que nous
avons rapporté page 10.

Cette Machine porte fept fléaux, & elle obtient fon mouvement
de la force d'un homme ; mais on ignore fi elle peut opérer les
effets que l'Auteur s'en eft propofé. On fait qu'elle a été approuvée
par l'Académie à qui elle a été préfentée (*a*), & l'on croit toujours qu'elle n'a pas fon exécution.

On vient d'annoncer (*b*) une Machine pour battre les Bleds, exé-
cutée par M. *Branca*. Cette Machine mue par deux bons chevaux,
fait, dit-on, autant de befogne que fix ou huit mules, lorfqu'elles
dépiquent de la maniere ufitée en Languedoc, & M. *Pingeron* qui en
a donné la defcription dans fon ouvrage fur les Arts, dit que cette
Batte eft peu coûteufe.

Voilà tout ce qui eft venu à notre connoiffance jufqu'à ce jour,
fur les Machines appellées *Battes-à-Grains*. Nous paffons à celles propres à *moudre les Grains*.

[*a*] Voyez les Mémoires de 1763 de cette Compagnie, pag. 141. Hift.
[*b*] Voyez la Gazette d'Agriculture, année 1759, n°. 45, pag. 442.

§. II.

§. II.

Des Machines à moudre les Grains.

POUR améliorer l'usage des Moulins, on s'est étudié depuis long-temps à diminuer les frais de la construction, à les rendre plus durables, & à les simplifier au point qu'on pût les faire aller avec un moindre volume d'*air*, avec une moindre quantité d'*eau*, & au défaut d'*air* & d'*eau*, l'on a cherché à faire mouvoir les Machines nécessaires pour moudre la subsistance publique ou particuliere, avec la force des *animaux*.

Dans les Moulins ordinaires, surtout dans ceux d'Italie, il se trouve une grande roue que l'eau fait tourner & qui a un axe commun avec une autre roue moins grande & dentée. Cette roue heurtant la lanterne posée au pied du pivot qui soutient la meule supérieure, cette meule tourne & moud le grain ; mais cette mouture se fait avec tant de difficulté, qu'il faut y faire des réparations continuelles, ce qui occasionne beaucoup de dépenses & fait perdre beaucoup de temps.

Dans le Moulin de l'invention de M. le Marquis de *Fraganeschi* (a), on a suivi une méthode toute différente. Au lieu de donner le mouvement au centre de la résistance, ce qui occasionne les inconvénients dont on vient de parler, on le donne à l'extrémité du diamétre, & cela est d'autant plus facile qu'il y a plus de distance entre cette extrémité & le centre.

I.

MOULIN A BRAS DE M. LE MARQUIS DE FRAGANESCHI.

M. le Marquis de *Fraganeschi* s'étant apperçu des inconvénients qui se rencontroient dans la construction des Moulins ordinaires, &

(a) M. *Pierre-Martin Fraganeschi* est de Crémone en Italie.

G

voulant d'ailleurs mettre au jour, la conſtruction d'un autre, qui pût faire commodément un double ſervice, il a exécuté celui ci-après.

Son Moulin eſt à bras d'hommes : c'eſt-à-dire que la force d'un homme eſt capable de le faire mouvoir.

Il a fait enchâſſer de diſtance en diſtance & par intervalles égaux, des dents autour de la meule, & il en a proportionné l'emplace-ment.

Ces dents ſont heurtées par celles d'une autre roue poſée vertica-lement; & comme les deux meules tournent avec une facilité incroya-ble d'un mouvement oppoſé l'un à l'autre, il eſt facile de s'apper-cevoir que la même force motrice peut ſervir pour deux Moulins; & c'eſt ce qu'on voit dans la Figure 1, Planche 3 de cet Ouvrage; en voici l'explication.

1, 1, 1, 1, ſont les meules dans leſquelles des dents ſont enchâſſées par intervalles égaux & proportionnés.

2, eſt une grande roue qui a un axe commun avec deux autres petites qui ſont dentées.

3, 3, ſont deux petites roues dentées, poſées verticalement ; ces roues font tourner les meules en pouſſant les dents qui y ſont en-châſſées.

4, eſt une petite roue jointe à la grande au moyen de la corde 10 qui les embraſſe toutes deux [a].

5, 5, ſont les deux barres horizontales ſur leſquelles porte l'eſſieu de la petite roue 4; elles ſont diſpoſées de maniere qu'on puiſſe hauſſer ou baiſſer cette roue, ſelon que le temps humide ou ſec allonge ou raccourcit la corde.

6, 6, les pivots qui ſoutiennent les meules inférieures.

7, 7, les ſoutiens des meules ſupérieures.

8, 8. Les deux meules devant être plus ou moins proches l'une de

---

(a) On peut faire tourner à la main cette petite roue, par le moyen d'une mani-velle de fer ; elle eſt ſi aiſée à mouvoir, qu'un enfant peut remplir cet emploi, ſans ſe fatiguer beaucoup.

Le courant du moindre petit ruiſſeau, ou le moindre vent, peut également faire tourner cette roue.

l'autre felon les différentes groffeurs du Grain, on éleve ou l'on abaiffe ces meules relativement à cette groffeur par le moyen du coin placé au-deffus de la piece marquée 8, 8.

9, 9. Au centre des deux meules s'uniffent le foutien de la meule fupérieure & le pivot de la meule inférieure, qui entrent l'un dans l'autre & les retiennent entr'elles dans un parfait équilibre *(a)*.

10, eft la corde qui embraffe les deux roues 2 & 4.

Plus les enchâffures des meules 1, 1, 1, 1, font hautes, mieux la Machine fait fon effet. En effet, on a par ce moyen l'occafion d'agrandir les roues 2 & 3 à volonté, & de faire aller plus vîte les meules.

On peut avec la même Machine bluter la farine, fans augmenter la force avec laquelle on moud les Grains.

Lorfqu'on ne veut faire mouvoir qu'une meule (ce ne peut être que la fupérieure) il fuffit d'ôter quelques dents à la meule inférieure du côte des petites roues 3, 3 ; la roue mouvante ne rencontrant plus de dents, fait feulement tourner la meule fupérieure.

I I.

OBSERVATIONS DE L'ÉDITEUR.

On trouve des *Moulins à bras* dans certaines Villes & Citadelles, notamment dans celle de Fontarabie en Efpagne ; mais d'après nos obfervations, il paroît que la conftruction du Moulin de M. le Marquis de *Fraganefchi* eft fupérieure à celles-ci.

Cette Machine peut fe tranfporter partout fur des chariots, & par conféquent être utile dans les Armées & dans une Ville affiégée, lorfque le fervice des autres efpeces de Moulins eft impoffible.

M. *Muftel*, Membre de la Société d'Agriculture de Rouen, a imaginé & fait exécuter un de ces *Moulins à bras*, qu'il appelle *Moulin*

(a) Comme l'on ne prend point cette précaution dans les Moulins ordinaires, les meules n'ont pas, *felon l'Auteur*, cet équilibre ; elles s'ufent davantage, & la farine fe gâte par le mélange des pouffieres qui proviennent des parties de la meule rongée ou broyée.

domestique. Sa méchanique est , dit-on , fort simple , active & durable.

Par l'exécution de cette invention , il supprime trois grands défauts ; il évite un mouvement pénible & fatigant , il obvie à beaucoup de lenteur dans le mouvement & dans l'exécution , & il empêche l'échauffement de la farine par les coups redoublés & inégaux de ce qui donne le mouvement au Moulin.

MM. *Laval, freres, Négociants à Lyon*, viennent de mettre au jour de *nouveaux Moulins à bras*. On prétend qu'ils sont très-commodes & très-propres pour le service domestique.

Leur Machine , comme celle de M. le Marquis de *Fraganeschi*, moud, dit-on, les Grains en tout temps & en tout lieu, sans le secours de l'*eau* & du *vent*. Comme sa disposition est très-simple , elle peut s'établir dans les montagnes & dans les lieux de difficile accès, aussi facilement que dans les endroits les plus unis ; on la peut transporter partout, & quatre *hommes* ou un *cheval* la mettent en mouvement : son produit est égal & pour la quantité & pour la qualité à celui des autres Moulins, recevant le même volume, & l'on en fait usage depuis long-temps à S. *Chaumont en Forez.*

MM. *Laval* ont présenté cette Machine aux Académies les plus célèbres du Royaume, & leur jugement leur a valu un Privilège exclusif *(a)* pour construire & vendre cet ouvrage partout où ils jugeront à propos.

Parmi toutes les Machines approuvées par l'Académie des Sciences depuis l'époque de son établissement en 1666 , jusques & y compris 1762 , nous ne trouvons qu'un seul Moulin à bras. Il a été inventé par M. *de la Gache* [b]. Le méchanisme en paroît assez simple. C'est précisément le Moulin ordinaire à eau ou à vent, réduit à la force du bras.

(a) Ce Privilége est du 29 Octobre 1768 , registré au Parlement de Paris le 4 Février 1769.

(b) Il est décrit page 37. IVe Vol. des Machines de l'Académie des Sciences.

M. *Pingeron*

M. *Pingeron* (a) rapporte dans fes Voyages, qu'il a eu connoiffance qu'à l'invitation de l'Académie de Sardaigne, un Eccléfiaftique d'Italie a mis au jour, un Moulin à bras, & comme il a trouvé que ce Moulin reffembloit entiérement à celui qu'on voit décrit parmi les Machines de M. *Zonca* [*b*], il en a donné une defcription fuccinête, dans la Gazette d'Agriculture qui fe publie à Paris [*c*].

Il nous refte maintenant à parler des moulins à *peler la graine de Riʒ*.

---

§. I I I.

Des Machines à peler ou monder le Riʒ [*d*].

QUOIQUE depuis long-temps, l'on faffe ufage en France d'une nourriture de *Riʒ* & d'*Orge mondé*, cependant bien des Provinces de ce Royaume ignorent encore la maniere de peler ou de monder ces Grains, & c'eft peut-être là un des motifs de la difette de cette culture [*e*] en cet État. Il s'y trouve cependant des terrains & des climats très-propres à cet enfemencement. Inftruits de ce défaut de connoiffances, nous avons cru devoir fatisfaire aux demandes publiques, & entr'autres, à celles qu'en ont fait derniérement, les Habitants de Franche-

---

[*a*] C'eft un Ingénieur retiré du Service de la Pologne.

[*b*] Ingénieur de la République de Venife.

(*c*) Gazette, année 1769, pag. 553.

[*d*] Voyez la figure de ce Moulin, Planche III. Fig. 2.

(*e*) En 1760, *Noël Chavillot & Compagnie* entreprirent la culture du *Riʒ* dans les différentes Provinces du Royaume, où il fe trouvoit des terrains convenables à cette femence; ils obtinrent à cet effet, le 6 Décembre 1740, un Privilége pour douze années, & ce Privilége leur fut confirmé par Lettres-Patentes du 1 Janvier 1741. Cette Compagnie commença cette culture en Dauphiné; mais outre l'impoffibilité où elle s'eft bientôt trouvée de faire des efforts fuffifants pour étendre cette culture tant dans cette Province qu'ailleurs, les inconvénients & les abus qui réfultent naturellement de l'effet des Priviléges, déterminerent le Gouvernement à fupprimer celui-ci, par Arrêt du 5 Oêtobre 1747, & cette culture fut rendue libre.

On voit dans l'Avant-Coureur, n°. 42, pag. 658, année 1763, que la culture du *Riʒ* a été tentée en Languedoc en 1762, & que s'il eft furvenu quelques obftacles aux progrès de cet enfemencement, il eft très-poffible de les lever.

H

Comté [a], & nous leur préfentons à cet effet, le Moulin dont on fe fert communément en Italie, pour peler ou monder le Riz.

I.

Moulin à Riz du Piémont.

Le Moulin à Riz ufité en Italie, eft compofé de deux corps. L'un contient les pilons & les piles, & l'autre le cylindre ailé avec fa roue, qui fe meut au moyen de l'*eau.*

Le premier corps eft formé par deux pieces de bois jumelles *A*, Fig. 2. Pl. III. elles ont environ neuf pouces de largeur, & font percées quarrément en autant d'ouvertures qu'il y a de pilons.

Deux autres pieces de bois *B*, portent celles-ci à une certaine diftance.

Chaque pilon eft fait d'une piece de bois quarrée *C*, armée à l'un des bouts, d'un étui de fer *E*, qui porte à fon extrémité trois ou quatre dents bien enchâffées. A l'endroit marqué *D*, fe trouvent deux petites pieces de bois, dont la plus baffe eft platte; elle a environ cinq à fix pouces de large, prefqu'autant de long & un pouce & demi d'épaiffeur; elle eft renforcée par celle de deffus qui eft faite en forme de groffe cheville quarrée *S*, Fig. 3. ce qui l'empêche de fe mouvoir.

Un gros bloc de pierre vive *H*, Fig. 3 & 4, percé d'autant d'ouvertures qu'il y a de pilons, eft placé au-deffous, & on le remplit de *grains de Riz.*

L'autre corps du Moulin eft compofé d'un gros cylindre de bois *I*, Fig. 2 & 3, porté fur deux effieux *K*, Fig. 2, fur les murs *N*. Cet arbre eft taillé à huit pans. Dans chacun de ces pans & à la diftance des pi-

---

[a] En 1768, des Agriculteurs de la Franche-Comté font venus à bout d'y cultiver (*) le Riz. *Voyez la Gazette du Commerce*, 1769, pag. 375 & 401.

(*) On trouve quelques renfeignemens fur cette culture, dans différents Volumes des Lettres édifiantes & dans les Journaux œconomiques, mois de Mai 1752 & Février 1764.

M. Duhamel a rappellé ces inftructions dans fon fecond Volume de la Culture des terres, pag. 181, édition de 1753. Cette production formant l'objet d'un commerce confidérable dans l'Inde, dans les Colonies Angloifes de l'Amérique & dans l'Italie, & les François ne pouvant fe paffer d'en faire une grande confommation, il feroit bien à defirer qu'on travaillât à fa culture dans ce Royaume, partout où il fe trouve des endroits convenables à des *Rizieres.*

Les gênes & les entraves que peuvent apporter à chaque inftant les Nations dont on vient de parler, à la fortie de cet aliment de leurs Etats, doivent d'autant plus y déterminer. On a déja reffenti cet effet, lorfqu'en 1764 les Génois défendirent l'exportation du Riz. *Gazette de France*, 1764, n°. 35.

lons, il eſt traverſé par une piece de bois *T*, d'un demi-pied de largeur qui le déborde en forme d'*aile*.

Ce cylindre eſt taillé quarrément à l'endroit marqué *L*, Fig. 2, pour
recevoir les jantes de la roue ailée *M*. Cette roue au moyen de l'eau
qui paſſe par le canal *O*, ſe meut & fait tourner en même-temps, le
cylindre avec ſes ailes ; à meſure que ces ailes rencontrent celles des
pilons *S*, elles les élevent avec les pilons, qui retombent quand les
ailes du cylindre échappent ; & ainſi conſécutivement ces pilons s'élevent & retombent par la rencontre ou l'échappement de ces ailes, &
forment un mouvement ſucceſſif & prompt.

On met par l'ouverture de la pile, environ un ſetier de *Riz* dans
chaque trou ; les pointes de fer *F*, le battent & l'échauffent, & une
heure après, on le retire. Après avoir bien laiſſé repoſer ce grain,
on l'y met de nouveau & on l'y laiſſe pendant douze heures confé-
cutives. Ce temps eſt néceſſaire pour qu'il ſoit dépouillé de ſa pelure
& qu'il ſoit parfaitement blanc. Cette opération finie, on ſépare le
ſon par le moyen du crible.

Quand on veut arrêter un pilon ſans ſuſpendre le mouvement du
cylindre, on éleve ce pilon avec la main juſqu'à ce que le trou *P*,
ſoit au-deſſus de la jumelle de bois, & on l'arrête avec une cheville.

C'eſt ainſi que ſont conſtruits les Moulins à Riz dont on fait uſage
en *Italie*, & telle eſt la méthode de s'en ſervir. Cette conſtruction de
moulin eſt encore convenable pour monder de l'*Orge*, du *Panis* ou
du petit *Millet* (*a*). Il ne faut, ce ſemble, que faire un changement aux
ferrures des pilons. Ceux propres au Riz, ont leurs pointes ou leurs
dents fort longues, & il faudroit aucontraire que ceux qu'on employe-
roit pour monder le petit Millet, euſſent leurs dents très-courtes.

---

[a] Il eſt ſurprenant que M. *Pingeron*, dont nous venons de parler, lequel a parlé ſi
ſouvent dans les Gazettes du Commerce (ce qu'on a copié mot pour mot dans l'Avant-
Coureur) d'une nourriture uſitée en Pologne & faite ſans doute avec du *petit Millet
mondé*, n'ait pas donné le deſſein des Machines dont on ſe ſert dans ce Royaume pour
monder ce Grain.

F I N.

BATTE A GRAIN DE M.^R FŒSTER.

Fig. 1.

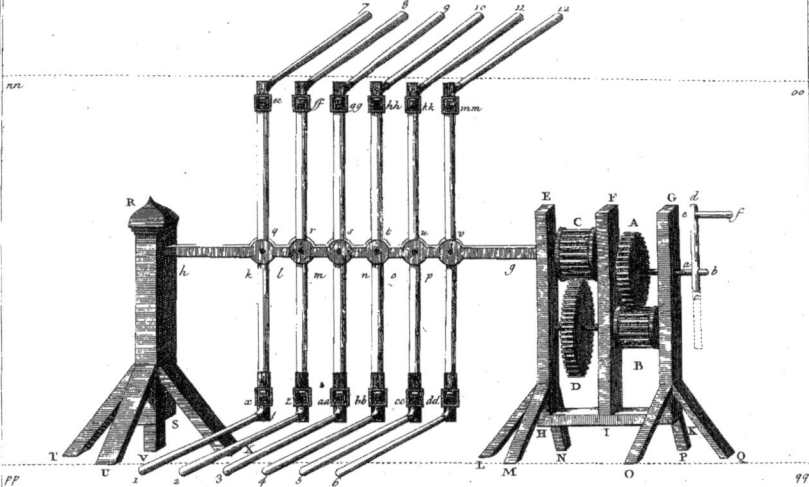

Pouces

Echelle de   1   2   3   4   5   6   7   8. Pieds de Roi de France.

BATTE A GRAIN DE MR HANSEN.

Fig. 2.

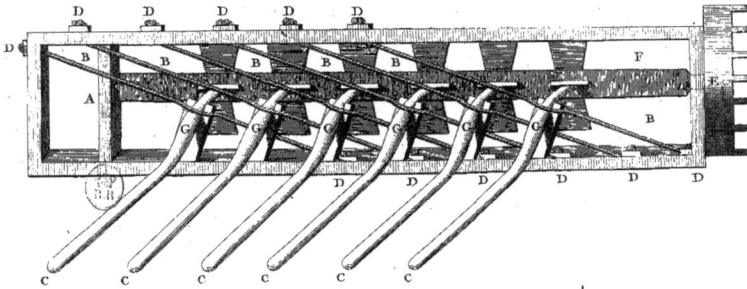

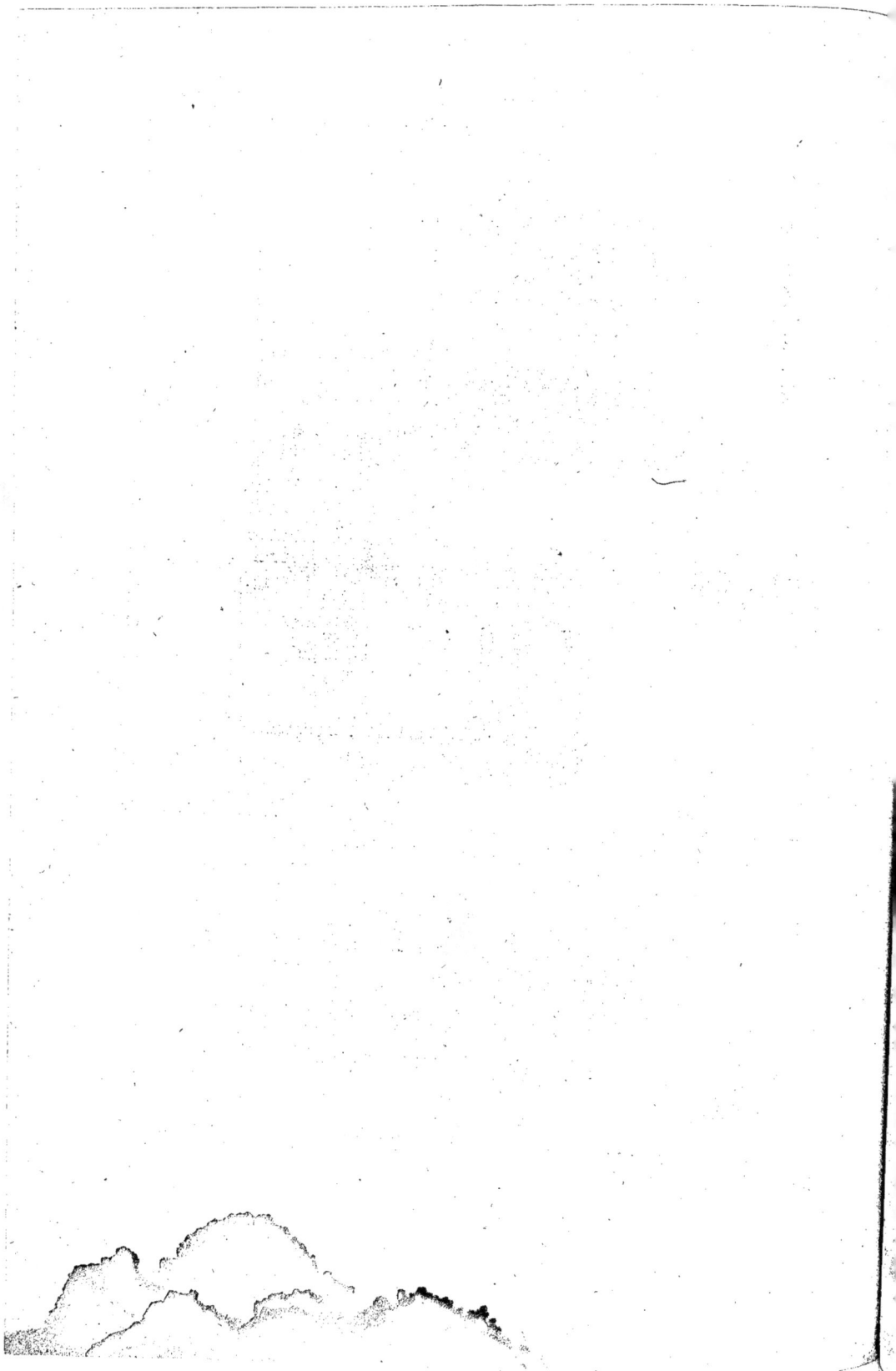

BATTE A GRAINS DE MR SCHUMACKER.

Fig. 1.

Fig. 3.

Fig. 4.

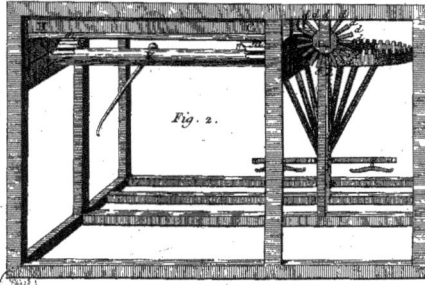

Fig. 2.

BATTE A GRAINS DE PERPESSON.

Fig. 5.

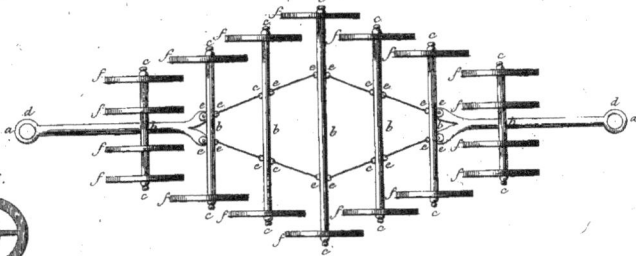

Fig. 6.

Potin. del.

N. Ransonnette Sculp.

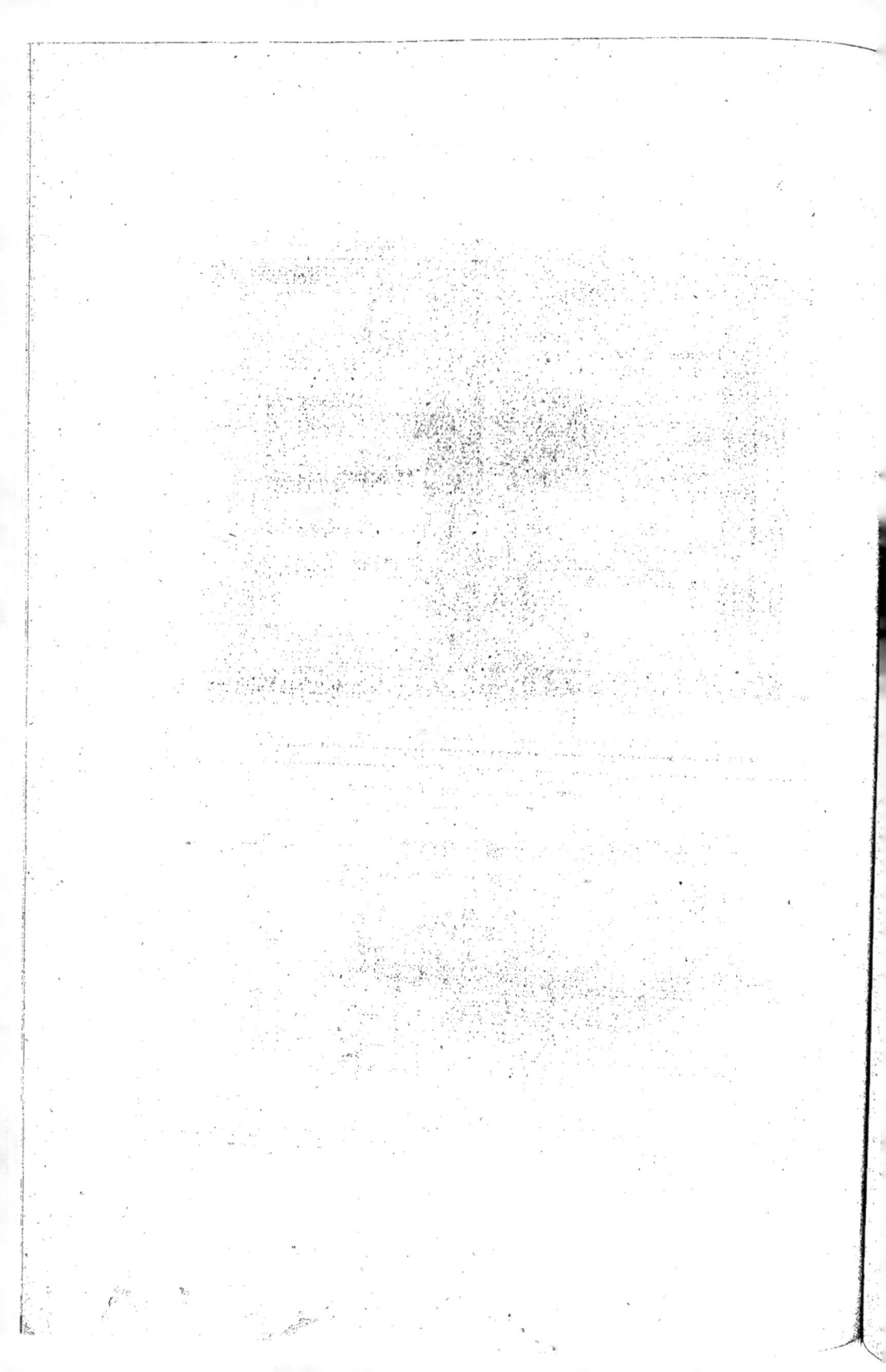

Pl. III.

MOULIN A MOUDRE LES GRAINS DE FRAGANESCHI.

Fig. 1.

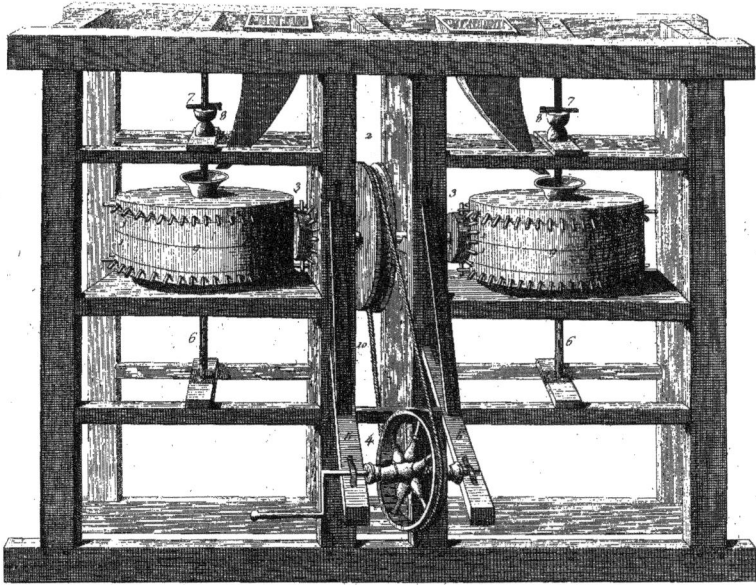

Echelle de 6. Brasses ou d'environ 11. Pieds de France

1   2   3   4   5   6

MOULIN A MONDER LE RIS DU PIEMONT.

Fig. 2.

Fig. 3.

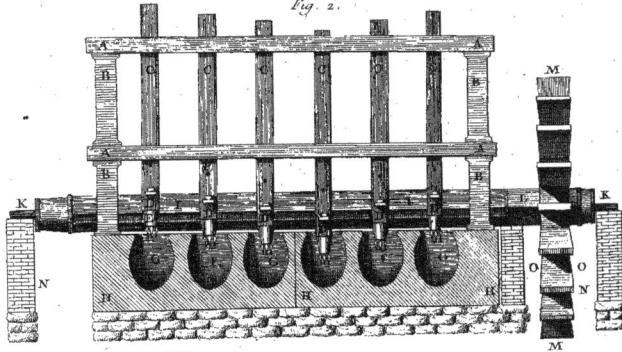

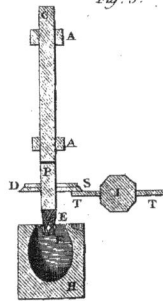

Echelle de   1   2   3. Pieds.

Polton. del.

N. Ransonnette Sculp.